BRONCOESPASMO EN UCI

Dr Francisco Hidalgo Gómez

Médico especialista en Médicina Intensiva
Médico especialista en Farmacología Clínica
Médico generalista

INDICE:

I- DEFINICION

II OBJETIVOS DE NUESTRA GUIA.

III. OBJETIVOS DEL TRATAMIENTO DEL ASMA

IV. ESTRATEGIA TERAPEUTICA DE LA AGUDIZACION.

    IV.1. Valoración inicial de gravedad.

    IV.2. Realización de exploraciones complementarias.

    IV.3. Tratamiento.

V. CRITERIOS DE DERIVACION

VI. APENDICES

I. DEFINICION

El broncoespasmo debe ser definido en el contexto de la agudización de asma y hiperreactividad bronquial.

El **broncoespasmo** puede definirse por una condición patológica caracterizada por una respuesta broncoconstrictora exagerada frente a estímulos diversos que puede condicionar disnea, tos, sibilancias o dolor torácico

La **agudización del asma** se puede definir como el empeoramiento progresivo, en un plazo corto de tiempo , de algunos o todos los síntomas relacionados con el asma que se acompaña además de una disminución en el flujo aéreo respiratorio.

Con el término **hiperreactividad bronquial** se describe una situación de mayor sensibilidad de la vía aérea, en virtud de la cual, estímulos de muy diversa naturaleza son capaces de ocasionar una broncoconstricción significativamente mayor que en condiciones normales

II. OBJETIVOS DE NUESTRA GUIA.

- Establecer los criterios de gravedad en la agudización

asmática.

- Planificar pautas de tratamiento de acuerdo con la gravedad de la crisis

- Determinar las pautas de actuación en función del lugar de tratamiento

- Establecer los criterios de ingreso y alta de los enfermos.

- Dictar normas de control y seguimiento de los pacientes después de la crisis.

III. OBJETIVOS DEL TRATAMIENTO DEL ASMA

1. Evitar la muerte del paciente
2. Recuperar la función respiratoria y hacer desaparecer los síntomas asmáticos de la forma más rápidamente posible
3. Evitar la aparición de insuficiencia respiratoria
4. Disminuir al máximo el desarrollo de efectos secundarios con los fármacos
5. Mantener la función respiratoria estable, impidiendo nuevas recaidas.

IV. ESTRATEGIA TERAPEUTICA DE LA AGUDIZACION.

IV.1-Valoración inicial de gravedad.

Iniciaremos es estudio con la búsqueda de una serie de parámetros objetivos que nos lleve a una valoración correcta de la crisis, previa incluso a iniciar el tratamiento. Los parámetros que indican riesgo vital inminente son:

- Disminución del nivel de conciencia
- Cianosis
- Bradicardia
- Hipotensión imposibilidad de terminar las palabras a causa de la disnea
- Silencio auscultatorio.

La presencia de cualquiera de estos signos nos aboca al inicio del tratamiento de la agudización grave del asma.

En ausencia de estos signos será el grado de obstrucción al flujo aéreo, quien nos determine la gravedad de la crisis y para ello deberemos contar con un medidor de pico de flujo para cuantificar el **flujo espiratorio máximo**, cuyo valor inicial y su evolución tras tratamiento es el único factor con capacidad predictiva en la evolución de la agudización asmática. En ocasiones no se podrá obtener sea por la falta de colaboración o por incapacidad del paciente, en estos casos nos deberemos de guiar por la anamnesis y la exploración para encuadrar al paciente.

La anamnesis y exploración física deben incluir:

1- Recoger en antecedentes personales los factores de riesgo de asma fatal:
  - Número de exacerbaciones en el último año
  - Ingresos previos en UCI
  - Tratamiento con esteroides en el último año
  - Problemas psicosociales e incumplimiento de tratamiento.
  - Flujo espiratorio máximo basal previo.

2- Diagnóstico diferencial de otras causas de disnea o broncoespasmo 3- Duración y posible causa desencadenante de la agudización.

4- Tratamiento crónico y administrado al inicio de la crisis. 5- Estratificar la gravedad clínica:

- Grado de disnea o capacidad para hablar
- Nivel de conciencia
- Frecuencia respiratoria y cardíaca
- Presencia de cianosis, hiperhidrosis, pulso paradójico y utilización de musculatura accesoria
- Intensidad de sibilancias.

La medición del flujo espiratorio máximo, utilizando los dispositivos portátiles (peak flow meters) y de acuerdo con las normas de empleo habituales deben ser una práctica común en la valoración y el tratamiento de la exacerbación asmática. Para su medición el enfermo realizará tres maniobras espiratorias máximas anotando el mejor resultado obtenido.

La disponibilidad cada vez más frecuente de pulsoxímietros en los departamentos de urgencias evita la realización de gasometrías y permite monitorizar de forma más prolongada la respuesta terapéutica y puede dar respuesta a la pregunta de la necesidad de gasometrías en la mayoría de los pacientes con crisis de broncoespasmo que acuden a urgencias. En diversas guías se aconseja que sólo se realice caso de objetivar un FEM inferior al 50% del basal o teórico o menor de 150 l/minuto o bien una saturación inferior al 92%.

De acuerdo con la medición del FEM clasificaremos la gravedad de la exacerbación en:

Leve: cuando el FEM es mayor del 70% del teórico o 300 l/min. Moderada: si el FEM está entre el 50 y el 70% o entre 150 y 300 l/ min. Grave: cuando el FEM es inferior al 50% o menor de 150 l/min.

No obstante se deben tener en cuenta el resto de parámetros clínicos y gasométricos para tener una clasificación más completa

Criterios de gravedad en la exacerbación asmática:

	LEVE	MODERADA	GRAVE
Disnea	Al Caminar	Al Hablar	En Reposo
Uso de musculatura accesoria	No	Si	S
Sibilancias	Moderadas	Intensas	Intensas (ojo silencio auscultatorio)
Frecuencia cardíaca	<100	100-120	>120
Frecuencia respiratoria	Aumentada	Aumentada	>30
PaO$_2$	Normal	>60	<60
PaCO$_2$	<45 mmHg	<45 mmHg	>45 mmHg
FEM	>70% >300 l/min.	50-70% 150-300 l/min	<50% <150lmin.

IV.2. Realización de exploraciones complementarias.

La mayoría de las crisis asmáticas no requerirán pruebas complementarias, habrá que realizar una valoración individualizada de dichas pruebas. Así

* Radiografía de tórax estará indicada caso de falta de respuesta al tratamiento, dolor torácico o fiebre y/o afectación del estado general. Se realiza a la búsqueda de

patología añadida: atelectasia por tapones mucosos, neumotórax, neumomediastino o neumonía.

* Hemograma: Indicada caso de síndrome febril o caso de sospecha de infección respiratoria
* Bioquímica Indicada caso de administrar beta adrenérgicos a dosis altas o tras administración de corticoides.
* La gasometría arterial está indicada cuando el FEM sea inferior al 50% del valor teórico o existan síntomas compatibles con riesgo vital inminente.

IV.3.   Tratamiento.

IV.3. A/   *Agudización grave*

Se considera Exacerbación Asmática Grave cuando existe alguno de estos criterios:
* FEM < 50% del teórico o < 150 l/m
* Insuficiencia respiratoria manifestada por PaO_2 < 60 mmHg y/o $PaCO_2$ > 45 mmHg
* Presencia de signos de Riesgo Vital Inminente:
  . disminución de nivel de conciencia
  . cianosis
  . bradicardia
  . hipotensión

.imposibilidad de terminar las palabras a causa de la disnea

. silencio auscultatorio

❖ otros signos orientativos de exacerbación grave

. FC > 120 l/m

. FR > 30 resp ´

. pulso paradójico > 30 mmHg

. cianosis, sudación, y contracción de musculatura espiratoria

. dificultad para hablar y terminar las frases

- Realizar Gasometría Arterial
- Tratamiento de la Exacerbación Asmática Grave

  1. O^2 : FiO^2 de 35 - 60% para lograr una $SaO^2 >$ o $= 92\%$

2. Beta2 - adrenérgicos (Terbutalina o Salbutamol) por vía inhalatoria.

Forma de administración:

. nebulizando la solución con flujos altos de oxigeno (8 l/min) o mediante compresor de aire

. Dosis recomendadas :

. Terbutalina 10 mg diluidos en 3 ml de suero fisiológico

. Salbutamol   5 mg diluidos en 3 ml de suero fisiológico

. la dosis, si fuera necesario, se repite cada 20´ en

total 3 dosis durante la primera hora del ingreso

. En ausencia de dispositivos de nebulización los Beta - adrenérgicos se puede administrar mediante el uso de cartuchos presurizados (Medidor de Dosis Inhaladas) unidos a una cámara de inhalación. Se recomienda en este caso realizar 4 disparos consecutivos, bien sea de Terbutalina o Salbutamol, separados entre sí con un intervalo de 30"; posteriormente se realizará un disparo cada minuto hasta que mejore el broncospasmo o hasta la aparición de efectos 2°.

. Administración de Beta - adrenérgicos vía parenteral (iv o sc) : provocamayor número de efectos secundarios (taquiarrítmia) mientras que la eficacia con respecto a la via inhalatoria es similar. Su uso queda limitado a pacientes con deterioro de nivel de conciencia a aquellos que sean incapaces de realizar una maniobra inspiratoria eficaz. Las dosis quese recomiendan son :

. Salbutamol vía subcutanea: 1 ampolla (0.5 mg) sc/4 hs y vía iv de 1/2 a 1 ampolla diluida en 10´

. En situaciones muy especiales se utiliza una perfusión iv de 5 amps en 250 cc de salino a una dosis entre 5 - 20 gotas/ min..

. Terbutalina 0.25 - 0.50 mg iv durante 10´.

3. Anticolinergicos

Bromuro de Ipatropio (envases de 2 ml con 250 y 500 mcg) . Se suele añadir 1 amp. de 250 mcgs de Bromuro de Ipatropio a 4 ml de salino y 5 gotas de Salbutamol en nebulización)

4. Corticoides sistémicos a dosis importantes:
   - Hidrocortisona: bolus de 200 mg/ 4-6 hs
   - Metilprednisolona: 1-2 mg/Kg (80-120 mg) en bolus iv seguido de 60-80 mg iv cada 6-12 hs durante 3-7 dias (los corticoides acentuan la hipopotasemia)
   - Adrenalina (en pacientes menores de 35 años y sin antecedentes de cardiopatia) a dosis de 0.3 ml via sc (0.01 ml/Kg hasta 0.5 ml) de una dilución al 1:1000 que se puede repetir cada 20´hasta 3 dosis.

Transcurridos 30´ se vuelve a valorar al paciente

+ Si el FEM es superior al 50% del teórico y no hay signos clínicos de gravedad mantener 60´ en Observación y si persiste estabilidad clínica y

FEM persiste > 50% se realiza ingreso en planta. Confirmar mejoría con gasometría arterial.

El tratamiento durante las 1^a 24 hs consistirá en:
   - o Beta - adrenergicos nebulizados: 2.5-5 mg/4-6 h.
   - o Corticoides sistémicos (metil prednisolona) 1-2 mg/Kg/día
   - o O2 si precisara

+ Si el FEM no mejora o es inferior al 50% se administrará una segunda dosis de Beta-adrenérgicos nebulizados y se añade Bromuro de Ipatropio en el caso que no se haya administrado previamente.

+ A los 30´ de la segunda dosis de Beta adrenérgicos se reevalua al paciente realizando una gasometría arterial y midiendo el FEM.

+ Si el FEM ha empeorado o es inferior al 33% el paciente deberá ser ingresado en UCI.

+ Si el FEM ha mejorado pero aun se mantiene entre el 33 y el 50% administrar una 3ª dosis de Beta adrenergico y añadir otro broncodilatador como la Aminofilina en perfusión iv. (en aquellos pacientes que no toman teofilinas por via oral se administrará una dosis de carga de 6 mg/Kg y la dosis de mantenimiento será de 0.6 mg/Kg/hora , a los que la tomaban previamente se deja la dosis de mantenimiento).

+ Si mejoría ingreso en planta con este tratamiento durante las 1ª 24 hs:

o beta-adrenergicos nebulizados: 2.5-5 mg/4-6 hs
o corticoides sistémicos: metilprednisolona 1-2 mg/kg/dia
o Bromuro de Ipatropio: 4 inhls/6 hs
o aminofilina y O2 si precisara

IV.3.B/ Agudización moderada

Una agudización es moderada, cuando el paciente no presenta signos de gravedad y el FEM se encuentra entre el 50%-70% del teórico, o entre 150-300 l/min.

El tratamiento consiste en:

1) Oxigenoterapia a una $FiO_2 > 35\%$.

2) Beta-2-adrenérgicos por vía inhalatoria.

La forma más frecuente y útil, en estos pacientes que respiran espontáneamente, es mediante nebulización de soluciones con flujos altos de oxígeno (6-8 l/min.), recomendándose las siguientes pautas o dosis:

- Salbutamol 5 mg. (1 ml. de solución oral) + 3-5 ml. suero fisiológico.
- Terbutalina 10 mg. (1 ml. de solución) + 3-5 ml. suero fisiológico.

Si no se dispone de dispositivos de nebulización, pueden administrarse utilizando cartuchos presurizados unidos a una cámara de inhalación. Se realizan 4 disparos consecutivos cada 30 seg. y se continúa con un disparo cada minuto, hasta que mejore el broncoespasmo o aparezcan efectos indeseables (normalmente no van a ser necesarias más de 10 inhalaciones).

3) Corticoides sistémicos a dosis altas.

Consiste en la administración parenteral por vía intravenosa de alguna de las siguientes dosis o pautas:

- Metilprednisolona 1-2 mg/Kg I.V.
- Hidrocortisona 200 mg   I.V.

Por vía oral los corticoides son igualmente efectivos, pero se necesitarán al menos 4 horas en conseguir sus efectos terapéuticos.

A los 30 minutos de terminada la nebulización, se vuelve a realizar una valoración clínica del paciente y espirométrica del FEM, de modo que podemos encontrarnos con 3 situaciones:

I) FEM superior al 70% del teórico y/o hay mejoría clínica.

- Mantener al paciente en observación durante 1 hora
- Si no existe empeoramiento clínico o disminución del FEM durante el período de observación, podrá ser dado de alta hospitalaria, siguiendo como tratamiento al alta una de las dos siguientes opciones:

    1ª) Beta-2--adrenérgicos por vía inhalatoria a demanda Corticoides inhalados > 1.200 mcg / día

    2ª) Beta-2--adrenérgicos por vía inhalatoria a demanda Corticoides inhalados > 1.200 mcg / día

Corticoides orales, comenzando con 40 mg/día, para

despué

s ir disminuyendo de forma progresiva.

2) FEM permanece igual (50%-70%) y no hay empeoramiento clínico.

- Se administra una 2ª dosis de Beta-2-adrenérgicos inhalados
- Se valorará el paciente a los 30 minutos tras la inhalación

3) FEM empeora y es inferior al 50%, unido lógicamente a un empeoramiento clínico.

- Se administra una 2ª dosis de Beta-2-adrenérgicos inhalados añadiendo 0.5 mg de Bromuro de Ipratropio, en nebulización de forma conjunta, o mediante cartuchos presurizados con espaciador (de 4 a 6 inhalaciones consecutivas). Se debe utilizar esta pauta siempre antes de utilizar teofilina o sus derivados.

- Realizar gasometría arterial (descartar patología asociada).
- Realizar radiografía de tórax (descartar patología asociada).
- Se valorará el paciente a los 30 minutos tras la inhalación, tanto clínica como mediante el FEM, hasta conseguir que el paciente entre en el supuesto 1), es decir, FEM > 70% del teórico. Tras lo cual, el paciente podrá ser dado de alta hospitalaria, con el tratamiento anteriormente indicado de β< -adrenérgicos inhalados a demanda, corticoides inhalados y corticoides sistémicos por vía oral.

En el caso de que el FEM permanezca entre el 50%-70% del teórico, habrá que valorar en cada caso, de forma individualizada el ingreso o no en planta de hospìtalización. En caso afirmativo de ingreso hospitalario se pautará el siguiente tratamiento:

- Oxigenoterapia, si fuera preciso
- Beta-2-adrenérgicos inhalados nebulizados cada 4-6 horas, a dosis de 2.5-5 mg de salbutamol (

0.5-1 ml de solución oral) disueltos en 3-5 ml de suero fisiológico

- Corticoides sistémicos, preferentemente vía parenteral, administrando 1-2 mg/Kg/día de metilprednisolona o equivalentes

Si no hay mejoría, se pueden añadir otros brocodilatadores, o incluso valorar su ingreso en UCI.

IV.   3. C/   Agudización leve

Se entiende como exacerbación leve cuando el FEM inicial es superior al 70% del teórico o mayor de 300 l/m.

El tratamiento consiste en:

1) Beta-2-adrenérgicos por vía inhalatoria, mediante la administración por nebulización, o mediante cartuchos presurizados con espaciador o polvo seco, a las dosis siguientes:

- Salbutamol 5 mg. (1 ml. de solución oral) + 3-5 ml. suero fisiológico.
- Terbutalina 10 mg. (1 ml. de solución) + 3-5 ml. suero fisiológico.

Si se utilizan cartuchos se realizan 4 disparos consecutivos de salbutamol, a 0.1 mg / inhalación, o terbutalina a 0.25 mg / inhalación.

2) Nueva valoración de FEM y clínica del paciente a los 20 ó 30 minutos:

- Si existe estabilidad clínica, el paciente puede ser dado de alta a los 60 minutos de su ingreso en urgencias, con tratamiento al alta que incluirá Beta-2-adrenérgicos por vía inhalatoria según demanda, y corticoides inhalados a dosis superiores a 1.200 microg / día.

- Si existe empeoramiento clínico y el FEM es inferior al 70% del valor teórico inicial, se procederá a actuar según el protocolo de la **exacerbación moderada.**

V. CRITERIOS DE DERIVACION

V.1. Criterios de ingreso en UMI.

Signos de Riesgo Vital (Paro Respiratorio) Inminente:

. FEM < 40% con aumento <10% postratamiento

. PaCO2 > 42 mmHg

. Movimiento paradójico toraco-abdominal

. Exhaustación/ Fatiga muscular / Desaparición del tiraje/ Tórax inmóvil

. Silencio auscultatorio torácico

. Disminución de la amplitud del pulso paradójico o ausente

. Alteración de la conciencia

. Cianosis central, bradicardia, hipotensión

¿Cuando Intubar?:

. *Indicaciones Absolutas de VM:*

. Alteración del estado mental (confusión)

. Exhaustacion Intensa (con o sin hipercarnia)

. Parada Respiratoria

. Colapso Circulatorio

. *Indicaciones Relativas (tras tto completo):*

    . FEM < 40%

    . FR > 35%

    . Trabajo respiratorio excesivo o paciente fatigado

    . Silencio auscultatorio torácico

    . Inestabilidad hemodinamica

    . $PaCO_2$ > 45 mmHg y en aumento

    . PaO_2 < 50 mmHg y decreciendo

    . pH < 7.3 o menor y decreciendo

v.2. Criterios de remisión o ingreso en el hospital

Los criterios de remisión a urgencias hospitalarias en pacientes ya tratados en urgencias extrahospitalarias y de ingreso hospitalario son muy similares.

- Presencia de signos de riesgo vital inminente
- FEM inferior al 33% tras tratamiento de beta dos adrenergico nebulizados
- Persistencia de obstrucción ventilatoria severa (FEM<50%) o respuesta clinica inadecuada a pesar del tratamiento
- Pacientes con factores de riesgo de asma fatal

- Imposibilidad de ser controlado médicamente en las próximas 24 horas.

v.3.   Criterios de alta de urgencias

a) Buena respuesta clínica al tratamiento.

b) FEM superior al 70% del teórico, mantenido por un período mínimo de 60 minutos después de la última dosis de broncodilatador.

c) En aquellos casos en los que el FEM sea entre 50 y 70% después del tratamiento, podrá ser dado de alta si se observa una mejoría clínica y funcional desde su admisión, y no existan factores de riesgo de asma fatal.

d) Disponibilidad a cumplir el tratamiento y a seguir las recomendaciones para su control y seguimiento:

d.1) Dar el tratamiento y recomendaciones por escrito.

d.2) Remitir siempre al médico de Atención Primaria y/o especialista para control y seguimiento en las próximas 24 ó 48 horas.

d.3) Revisar si tiene un plan de automanejo, y en caso contrario proporcionárselo.

d.4) Comprobar las técnicas de inhalación del paciente y de empleo del medidor de FEM, si lo posee.

d.5) Comprobar si conoce los signos de empeoramiento y factores de desencadenantes, y dar consejos para evitarlos.

Todos los pacientes con asma grave agudo o asma crónico, deben tener como tratamiento al alta corticoides por vía oral, prednisona a dosis de 40-60 mg / día o equivalente, en pauta decreciente durante al menos 15 días (no deben ser suprimidos si existe empeoramiento), unido al tratamiento de soporte con corticoides inhalados con dosis superiores a 1.200 μg/día y β2 adrenérgicos inhalados a demanda.

Estrategia terapeútica en el tratamiento domiciliario de la exacerbación asmática.

1. Dar el tratamiento y recomendaciones por escrito
2. Remitir siempre al médico de familia y/o especialista para control y seguimiento en las próximas 24 horas
3. Revisar si tiene algún plan de automanejo
4. Comprobar técnicas de inhalación y empleo del medidor de FEM
5. Averiguar si conoce las señales de empeoramiento del asma y los factores desencadenantes y dar consejos para evitarlos.

VI. APENDICES

VI.1. CLASIFICACIÓN DEL ASMA POR NIVELES DE GRAVEDAD. GINA 1998.

	SÍNTOMAS	SÍNTOMAS NOCTURNOS	FUNCIÓN PULMONAR
ESCALON 1 (intermitente)	Menos de una vez por semana. Asintomátic o entre las crisis.	Dos veces al mes o menos.	FEM y/o FEV1> 80% del teórico. Variabilidad < 20%.
ESCALON 2 (persistente leve)	Más de una vez por semana, pero no diarios	Más de dos veces al mes pero no todas las semanas.	FEM y/o FEV1> 80% del teórico. Variabilidad 20-30%.
ESCALON 3 (persistente moderada)	Todos los días. Los síntomas afectan la actividad normal diaria.	Todas las semanas al menos una noche.	FEM y/o FEV1 60-80% del teórico. Variabilidad > 30%.

ESCALON 4 (persistente grave)	Síntomas continuos.	Diarios	FEM y/o FEV1<60% del teórico. Variabilidad > 30%.

Pocket Guide for Asthma Management and Prevention. Global Initiative for Asthma. National Heart, Lung and Blood Institutes. World Health Organization. 1998.

- Una vez que tenemos diagnosticado a un paciente de asma es fundamental clasificarlo según la gravedad que presente, ya que de esto dependerá el tratamiento.
- Se trata de algo muy subjetivo y que el profesional suele hacer de forma intuitiva y sin atender de forma exhaustiva las tablas que existen al respecto. No obstante es recomendable seguir alguna de estas tablas para así poder unificar criterios.
- Uno solo de los criterios basta para incluir al individuo en un escalón determinado.

- Si hay varias opciones se incluirá al paciente en el escalón de mayor gravedad.
- En cualquiera de los escalones se pueden presentar exacerbaciones graves.

VI.2.-Consejos sobre utilización de medidor de pico de flujo.

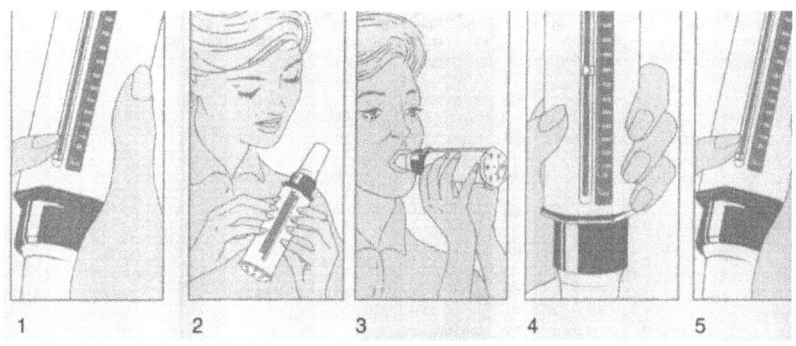

La prueba puede hacerse de pie (preferible) o sentado, pero siempre en la misma posición y sin flexionar el cuello. No son necesarias pinzas nasales

1-se pone el medidor en O

2-se coge sin que los dedos entorpezcan el indicador ni los agujeros de salida de aire

Se hace una inspiración máxima, secoloca la boquilla en la boca con el medidor paralelo al suelo y se sopla tan fuerte y rápido como sea posible.

4- Se anota el valor obtenido

5-Se repiten los pasos anteriores dos veces más, registrando el mejor valor de los tres.

*Imagen tomada de Clement Clarke HS internaiotal.

VI.3.- Valores teóricos del FEM (l/min) aceptados por SEPAR

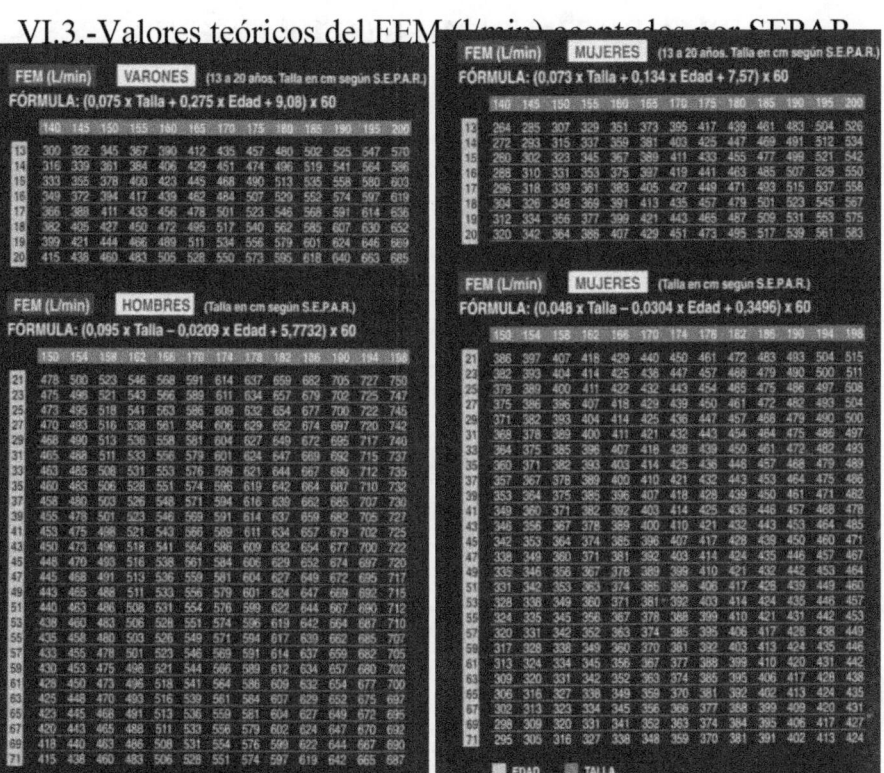

ESQUEMA DE TRATAMIENTO DE LA CRISIS ASMÁTICA EN EL HOSPITAL

NIVEL DE CONCIENCIA
SIGNOS VITALES
CIANOSIS
CAPACIDAD DE HABLAR
TÓRAX SILENTE

⟹ INTUBACIÓN Y VENTILACIÓN MECÁNICA

Riesgo Vital Inminente

⇩

MEDICIÓN DEL FEM O FEV1

FEM > 70%   FEM = 50-70%   FEM < 50%

β2-ADRENÉRGICOS INHALADOS	β2-ADRENÉRGICOS INHALADOS CORTICOIDES SISTÉMICOS 02 A ALTAS CONCENTRACIONES	β2-ADRENÉRGICOS INHALADOS CORTICIOIDES SISTEMICOS 02 A ALTAS CONCENTRACIONES MEDIR GASES ARTERIALES
⇩	⇩	⇩

30 MIN   30 MIN   30 MIN

⇩

FEM = 50-70%   FEM < 50%

β₂-ADRENÉRGICOS

β₂-ADRENÉRGICOS
B. IPRATROPIO

FEM > 70%

GASO
METRÍ
A RX
TÓRA
X
β₂-
ADRENE
RGICOS
B.
IPRATR
OPIO

ALTA   ALTA   FEM 50-70%   FEM < 33%

FEM 33-50%

β₂-ADRENÉRGICOS
INGRESO

β₂-ADRENÉRGICOS
UCI

CORTICOIDES INHALADOS CORTICOIDES
INHALADOS β₂-ADRENÉRGICOS
β₂-ADRENÉRGICOS

CORTICOIDES ORALES
CORTICOIDES
SISTEMICOS AMINOFILINA

FEM > 50%
β₂-
ADRENÉRGICO
S
CORTICOIDES
SIST

35

De Diego a, Casan P, Duce F, Gáldiz JB, Lopez Viña A, Manresa F, Plaza V. Recomendaciones para el tratamiento de la agudización asmática. Arch Bronconeumol 1996;32 (supl 1):1-9.

TABLA 1. CLASIFICACIÓN DEL TRATAMIENTO ESCALONADO (GINA)

TRATAMIENTO EN ADULTOS Y NIÑOS MAYORES DE 5 AÑOS		
	PREVENTIVOS A LARGO PLAZO	DE RESCATE
SEVERA PERSISTENTE	Medicación diariamente: • Corticoides inhalados, 800-2000 mcg o más* • Broncodilatadores de acción larga: beta-2 agonistas inhalados o en tabletas o solución y/o teofilinas de liberación sostenida. • Corticoides orales a largo plazo.	Broncodilatadores de acción corta: beta-2 agonistas de acción corta a demanda de síntomas.
	Medicación diaria:	

MODERADA PERSISTENTE	• Corticoides inhalados, (500 mcg* y si es necesario, • Broncodilatadores de larga acción: beta-2 agonistas inhalados u orales, teofilinas de liberación sostenida. • Considerar añadir anti-leukotrienos, especialmente en pacientes sensibles a la aspirina y para prevenir broncoespasmo inducido por ejercicio.	Broncodilatadores de acción corta a demanda de síntomas, no excediendo 3-4 veces al día.
	Medicación	

LEVE PERSISTENTE	diaria: • Corticoides inhalados, 200-500 mcg*, o cromoglicatos o nedocromil o teofilinas de liberación sostenida. • Los anti-leukotrienos pueden ser considerados.	Broncodilatadores de acción corta: beta-2 agonistas inhalados a demanda de síntomas, no excediendo de 3-4 veces al día.
INTERMITENTE	No necesarios	Broncodilatadores de acción corta: beta-2 agonistas de acción corta a demanda de síntomas, menos de una vez en semana. La intensidad del tratamiento dependerá de la severidad del ataque. Beta-2

		agonistas o cromoglicatos antes del ejercicio o exposición a alergenos.

* Las dosis hacen referencia a Beclometasona. Se pueden usar otros corticoides a dosis equivalentes.

BIBLIOGRAFIA

1-Boushey Ha, Holtzman MJ, Shelller JR et al. Bronchial hiperreactivity. Am Rev Respir Dis 1980; 121: 389-413

2-Pellicer Ciscar C. Hiperrepuesta bronquial en el asma. Mecanismos y características. Arch Bronconeumol 2001;37 (supl 3): 11-19

3-De Diego A, Casan P, Duce F, Gáldiz JB, López Viña A, Manresa F Plaza V. Recomendaciones para el tratamiento de la agudización asmática.arch Bronconeumol 1996;32 (supl 1):1-9.

4-Kinrchschläger E, Mustieles C Carrea M Montón JL. Tratamiento del asma infantil en atención primaria. Información terapeútica del sistema nacional de Salud 2000;24 :57-58.

5-Vendrell M, de Gracia J, Álvarez A. Bronquiectasias. Arch bronconeumol 2000;36 (supl 4): 3-12

6-Bello, Vilá M, Chacón E, Asma e infecciones Arch bronconeumol 2000;36 (supl 4): 29-44. 7-Global initiative for asthma. Global strategy for astma management and prenvention. NELBI/WHO. Workshop report. Nueva York: National Institute of Health, Lung and Bood Institute. Publication n° 95-3659,1995;6.

8- Valero Muñoz, A Manejo actual de la exacerbación asmática. Emergencias 1999;11:208- 222.